生活的滋味

草 木 情 缘

茹甜甜 绘

江西美术出版社

1月

(JANUARY) - JAN.

Plant for Love

农历时间

十二月七日—一月七日

太阳穿过黄道带的人马座和摩羯座，跨越旧年和新年。在罗马传说中，有一位名叫雅努斯（Janus）的守护神，生有前后两副面孔，一副回顾过去，一副眺望未来，一月因其得名。

节气—节日—别称

节气	节日	别称
小寒 1月6日	元旦 1月1日	正月
大寒 1月20日	腊八节 1月2日	隅月
	小年 1月17日	孟月
	除夕 1月24日	端月
	春节 1月25日	始春
		元春

LOVE

天 气

Weather

——

日 期

Date

——

草木情缘

plant

for Love

天 气

Weather

日 期

Date

天 气

Weather

——

日 期

Date

——

天 气

Weather

——

日 期

Date

——

迎春花

天 气

Weather

——

日 期

Date

——

lant for Love

Plant for Love

Plant for Love

Plant for Love

天 气

Weather

——

日 期

Date

——

2月

(FEBRUARY) - FEB.

Plant for Love

农历时间

一月八日—二月七日

在二月，太阳穿过黄道带的摩羯座和水瓶座。英文中的二月来源于古罗马的Februus(斋戒月)，也可能是源自于萨拜恩。

节气	节日	别称
立春 2月4日	元宵 2月8日	杏月
雨水 2月19日	情人节 2月14日	仲春
		仲阳
		如月
		丽月
		花月
		仲月
		酣月

Plant

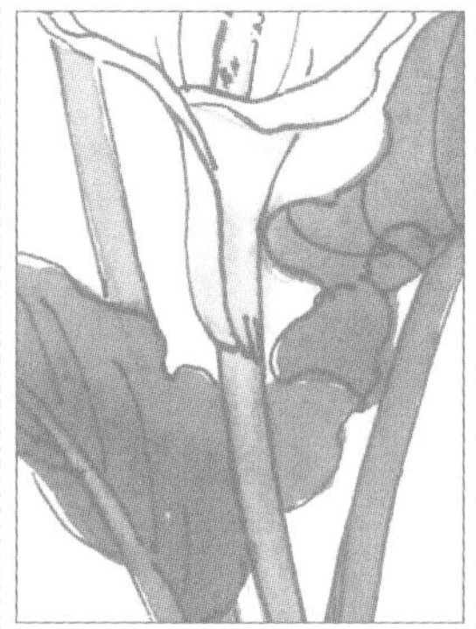

Love

天 气

Weather

——

日 期

Date

——

草木情缘

plant

for Love

天气

Weather

日期

Date

天 气

Weather

——

日 期

Date

——

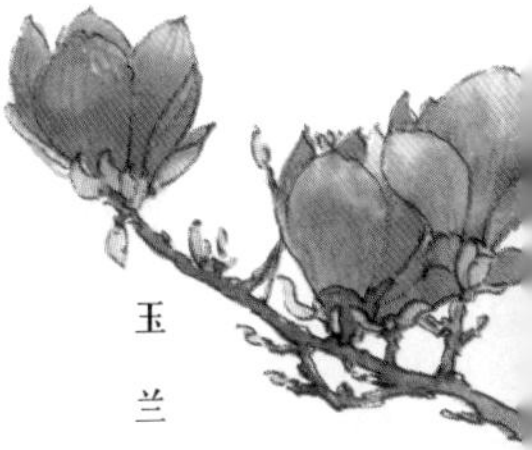

玉兰

lant for Love

Plant for Love

Plant for Love

Plant for Love

天气

Weather

——

日期

Date

——

杏花

3月

(MARCH) - MAR.

Plant for Love

农历时间
二月八日—三月八日

三月，是罗马人每年远征的季节。为了纪念战神玛尔斯，人们便将这位战神的拉丁名字作为三月的月名。

节气——节日——别称

节气	节日	别称
惊蛰 3月5日	妇女节 3月8日	蚕月
春分 3月20日	植树节 3月12日	病月
		桃月
		季春
		炳月
		三春
		阳春
		暮春

LOVE

天 气

Weather

日 期

Date

P l a n t

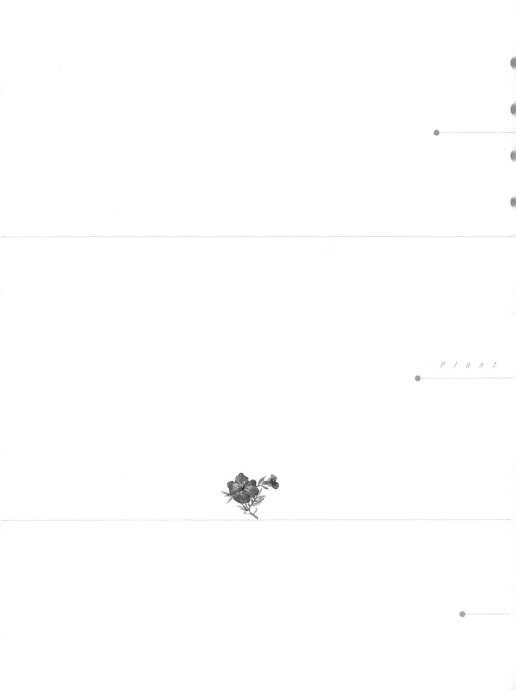

r Love

天 气

Weather

日 期

Date

天 气

Weather

日 期

Date

杜鹃

天 气

Weather

——

日 期

Date

——

海 棠

Plant for Love

Plant for Love

Plant for Love

Plant for Love

天 气

Weather

——

日 期

Date

——

4月

（APRIL）- APR.

Plant for Love

农历时间
三月九日－四月八日

四月，正是大地回春，鲜花初绽的美好季节。英文四月April便由拉丁文Aprilis（即开花的日子）演变而来。

节气—节日—别称

节气	节日	别称
清明 4月4日	清明节 4月4日	槐月
谷雨 4月19日		孟夏
		首夏
		初夏
		阴月
		麦月
		梅月
		清和
		纯月
		余月

LOVE

天 气

Weather

——

日 期

Date

——

草木情缘

天 气

Weather

日 期

Date

天 气

Weather

日 期

Date

蒲公英

天 气
Weather
——
日 期
Date
——

马齿苋

天 气

Weather

日 期

Date

天气

Weather

——

日期

Date

——

lant for Love

Plant for Love

Plant for Love

Plant for Love

天 气

Weather

——

日 期

Date

——

5月

(MAY) — MAY.

Plant for Love

农历时间
四月九日—闰四月九日

罗马神话中的女神玛雅，专门司管春天和生命。为了纪念这位女神，罗马人便用她的名字——拉丁文 Maius 命名五月。

节气 — 节日 — 别称

节气	节日	别称
立夏 5月5日	劳动节 5月1日	皋月
小满 5月20日	青年节 5月4日	榴月
	母亲节 5月10日	蒲月
		仲夏
		郁蒸
		天中

Love

天 气

Weather

——

日 期

Date

——

刺菜花

Plant for Love

Plant

Plant for Lov

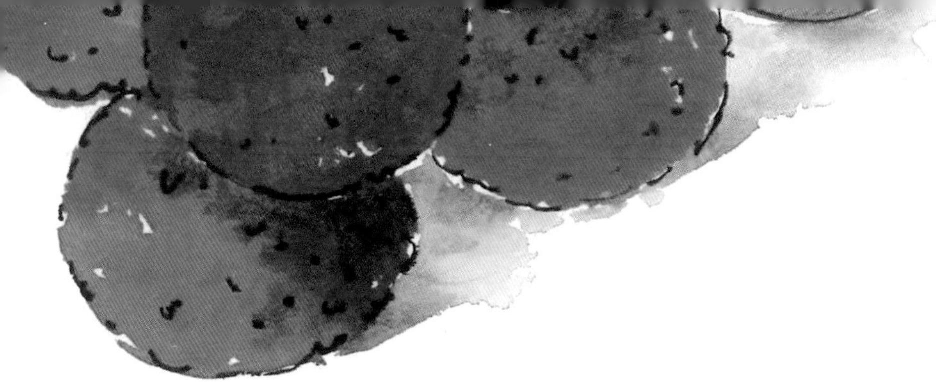

Plant for Love

草木情缘

天 气

Weather

日 期

Date

天 气

Weather

——

日 期

Date

——

天气

Weather

——

日期

Date

——

刺儿菜

lant for Love

Plant for Love

Plant for Love

Plant for Love

天 气

Weather

——

日 期

Date

——

石　榴

6月

(JUNE) - JUN.

Plant for Love

农历时间

闰四月十日—五月十日

罗马神话中的裘诺是众神之王，又是司管生育和保护妇女的神。古罗马人对她十分崇敬，便把六月奉献给她，以她的名字——拉丁文 Junius 来命名六月。

节气 — 节日 — 别称

节气	节日	别称
芒种 6月5日	儿童节 6月1日	且月
夏至 6月21日	父亲节 6月21日	焦月
	端午节 6月25日	荷月
		暑月
		伏月
		精阳
		季夏

Plant

or Love

天气

Weather

——

日期

Date

——

茉莉花

蔷　薇

Plant for Love

Plant fo

Pl

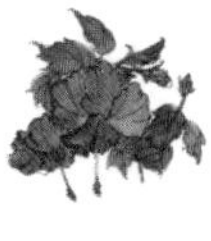

e

or Love

Plant for Love

天 气

Weather

日 期

Date

天 气

Weather

日 期

Date

马兰花

天 气

Weather

——

日 期

Date

——

天气

Weather

日期

Date

紫花苜蓿

Plant for Love

Plant for Love

Plant for Love

Plant for Love

天 气

Weather

日 期

Date

7月

(JULY) - JUL.

Plant for Love

农历时间
五月十二日—六月十一日

罗马统治者凯撒大帝被刺身死后，著名的罗马将军马克·安东尼建议将凯撒大帝诞生的七月用凯撒的名字——拉丁文Julius（即朱里斯）命名。

节气	节日	别称
小暑 7月6日	建党节 7月1日	相月
大暑 7月22日		兰月
		凉月
		瓜月
		巧月
		孟秋
		初秋
		早秋

Love

天 气

Weather

——

日 期

Date

——

天 气

Weather

日 期

Date

天 气

Weather

——

日 期

Date

——

东风菜

天 气

Weather

日 期

Date

天 气

Weather

日 期

Date

百里香

lant for Love

Plant for Love

Plant for Love

Plant for Love

天 气

Weather

日 期

Date

8月

(AUGUST) - AUG.

Plant for Love

农历时间
六月十二日—七月十三日

凯撒死后，由他的甥孙屋大维续任罗马皇帝。为了和凯撒齐名，他也想用自己的名字来命名一个月份。他的生日在九月，但他选定八月。因为他登基后，罗马元老院在八月授予他『Augustus』（奥古斯都）的尊号。于是，他决定用这个尊号来命名八月。

节气	节日	别称
立秋 8月7日	建军节 8月1日	壮月
处暑 8月22日	七夕 8月25日	桂月
		仲秋
		中秋
		正秋
		仲商

Love

天 气

Weather

——

日 期

Date

——

天 气

Weather

——

日 期

Date

——

天 气

Weather

——

日 期

Date

——

天气

Weather

——

日期

Date

——

茯 苓

天 气

Weather

——

日 期

Date

——

甘　草

lant for Love

Plant for Love

Plant for Love

Plant for Love

天气

Weather

——

日期

Date

——

金雀花

9月

（SEPTEMBER）
- SEP. & SEPT.

Plant for Love

农历时间
七月十四日—八月十四日

老历法的七月，拉丁文Septem是「七」的意思。虽然历法改革了，但人们仍袭用旧名称来称呼九月。

节气—节日—别称

节气	节日	别称
白露 9月7日	中元节 9月2日	玄月
秋分 9月22日	教师节 9月10日	菊月
		季秋
		穷秋
		抄秋
		青女月

LOVE

天气

Weather

日期

Date

木槿花

人　参

天 气

Weather

日 期

Date

天 气

Weather

日 期

Date

白果

lant for Love

Plant for Love

Plant for Love

Plant for Love

天 气

Weather

日 期

Date

向日葵

10月

（OCTOBER）- OCT.

Plant for Love

农历时间
八月十五日—九月十五日

十月的英文October，来自拉丁文Octo，即「八」的意思。后改用凯撒历，在前面增加了January和February，因此二月以后的月份就依次后退两个月，而October就变成了十月的意思。

节气 — 节日 — 别称

节气	节日	别称
寒露 10月8日	国庆节 10月1日	阴月
霜降 10月23日	中秋节 10月1日	良月
	重阳节 10月25日	初冬
		开冬
		孟冬
		正阴月
		小阳春

LOVE

天气

Weather

——

日期

Date

——

草

木

情

缘

Plant for Love

天 气

Weather

日 期

Date

天气

Weather

——

日期

Date

——

百合

天 气

Weather

日 期

Date

茱萸花

lant for Love

Plant for Love

Plant for Love

Plant for Love

天 气

Weather

——

日 期

Date

——

11月

(NOVEMBER) - NOV.

Plant for Love

农历时间
九月十六日—十月十六日

十一月仍然保留着旧称 Novem，即拉丁文「九」的意思，旧历中这个月原来是第九个月。

节气 — 节日 — 别称

节气	节日	别称
立冬 11月7日	万圣节 11月1日	幸月
小雪 11月22日	寒衣节 11月15日	畅月
	感恩节 11月26日	仲冬
	下元节 11月29日	

LOVE

天 气

Weather

——

日 期

Date

——

党参

草木情缘

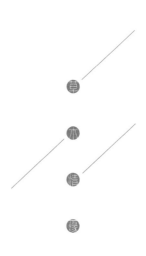

一串红

天气

Weather

日期

Date

天 气

Weather

——

日 期

Date

——

柿子

天气

Weather

日期

Date

白芷

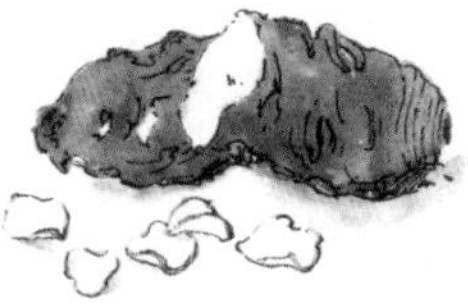

lant for Love

Plant for Love

Plant for Love

Plant for Love

天气

Weather

日期

Date

白首乌

12月

(DECEMBER) - DEC.

Plant for Love

农历时间

十月十七日—十一月十七日

罗马皇帝琉西乌斯想把一年中的最后一个月用他情妇的Amagonius的名字来命名，但遭到元老院的反对。于是，十二月仍然沿用旧名Decem，即拉丁文「十」的意思。英语十二月December便由此演变而来。

节气—节日—别称

节气	节日	别称
大雪 12月7日	平安夜 12月24日	涂月
冬至 12月21日	圣诞节 12月25日	蜡月
		腊月
		季冬
		暮冬
		残冬
		末冬
		嘉平月

Love

天 气

Weather

——

日 期

Date

——

天 气

Weather

日 期

Date

天气

Weather

——

日期

Date

——

蟹爪兰

lant for Love

Plant for Love

Plant for Love

Plant for Love

天气
Weather

日期
Date

茶
花

天 气

Weather

日 期

Date

图书在版编目（C I P）数据

生活的滋味·草木情缘 / 江西美术出版社编；茹甜甜绘. -- 南昌：江西美术出版社, 2019.8

ISBN 978-7-5480-6601-9

Ⅰ. ①生… Ⅱ. ①江… ②茹… Ⅲ. ①历书 - 中国 - 2019②植物 - 普及读物 Ⅳ. ①P195.2②Q94-49

中国版本图书馆CIP数据核字(2018)第286460号

出 品 人 周建森

责任编辑 方 姝 姚屹雯

责任印制 汪剑菁

书籍设计 闵 鹏 先鋒設計

生活的滋味·草木情缘

SHENGHUO DE ZIWEI · CAO MU QINGYUAN

茹甜甜 绘

江西美术出版社 编

出 版：江西美术出版社

地 址：南昌市子安路66号

网 址：jxfinearts.com

电子信箱：jxms163@163.com

电 话：0791-86566309

邮 编：330025

经 销：全国新华书店

印 刷：浙江海虹彩色印务有限公司

版 次：2019年8月第1版

印 次：2019年8月第1次印刷

开 本：889mm×1270mm 1/32

印 张：7

ISBN 978-7-5480-6601-9

定 价：68.00元